机械里的科学课

# 这就是机器人

# This is the Robot

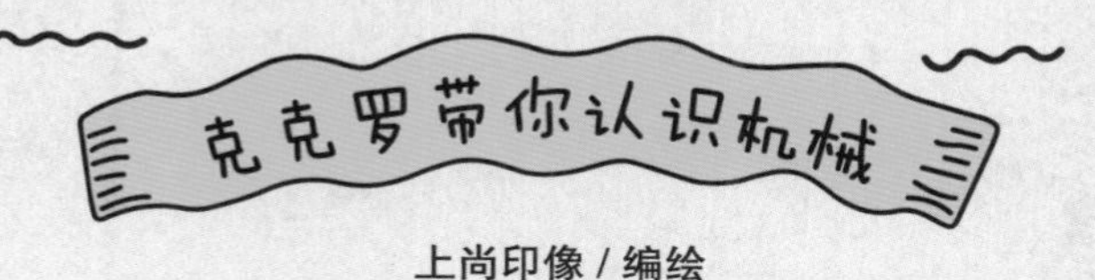


上尚印像 / 编绘

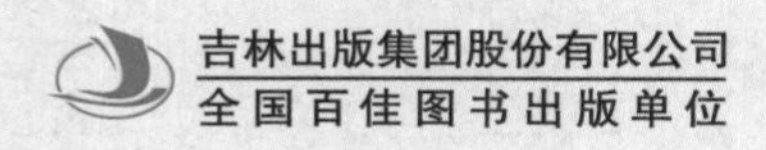

吉林出版集团股份有限公司
全国百佳图书出版单位

过去工厂里的工作可真是既繁重又枯燥，幸好现在有工业机器人可以帮助我们。不只是在工厂里，随着科技的快速发展，机器人在我们生活的方方面面都起着越来越重要的作用：问答机器人会帮我们解答作业难题，陪护机器人可以照顾病人和老人，手术机器人可以帮助医生做手术，还有的机器人可以准确地完成垃圾分类……机器人不再只存在于动画片和书里，而是已经来到了我们的身边，成了我们的好帮手！现在就跟着克克罗去认识一下我们的机器人朋友吧！

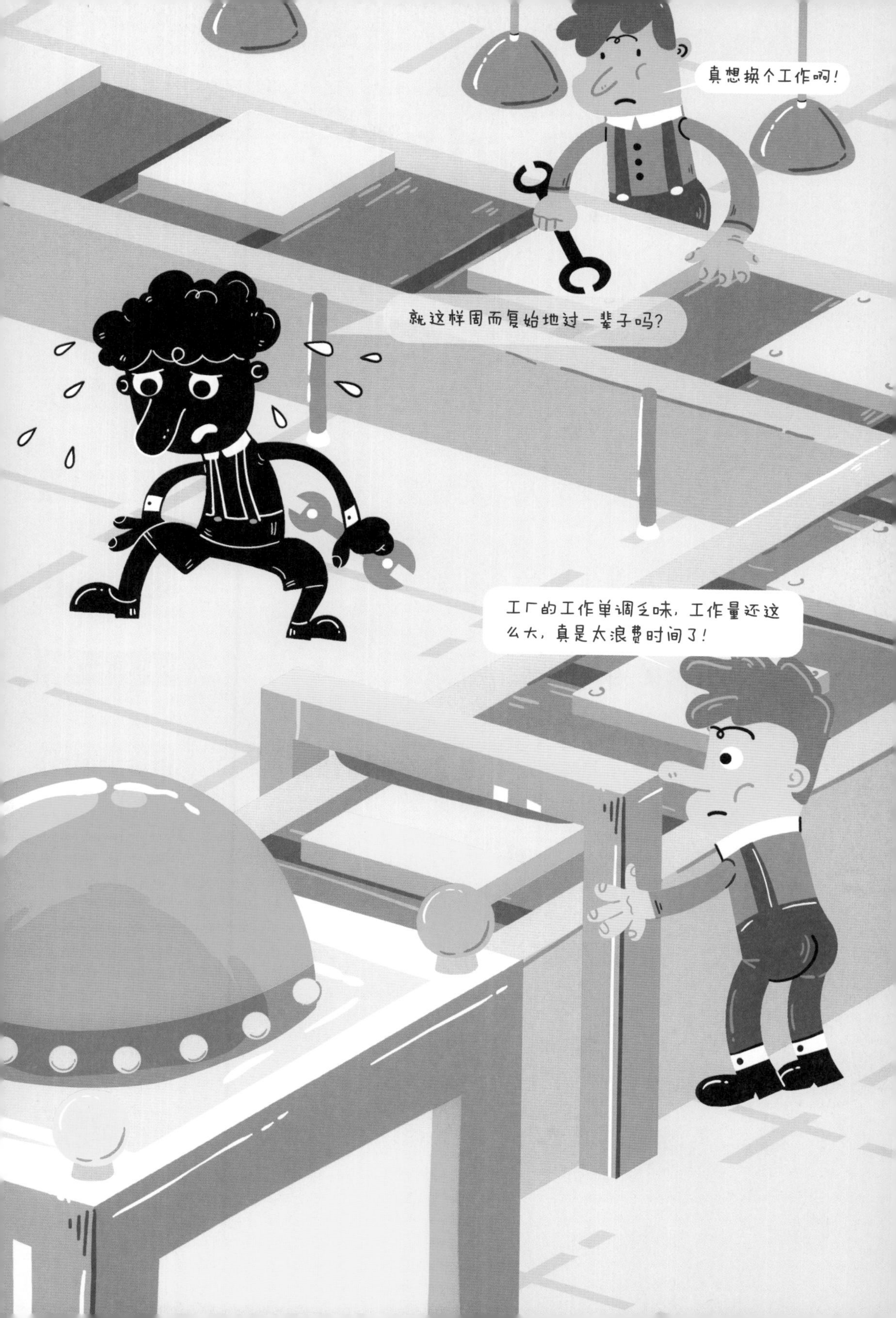
真想换个工作啊！
就这样周而复始地过一辈子吗？
工厂的工作单调乏味，工作量还这么大，真是太浪费时间了！

# 这就是机器人

## THIS IS THE ROBOT

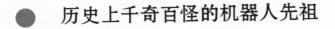

克克罗带你认识机械

# 历史上千奇百怪的机器人先祖

并不只有现代人对机器人有所憧憬，其实早在古希腊神话中，就出现了一个用青铜打造的机器人塔罗斯。

考古学家在希腊安迪基西拉岛上发现了一个古老的机械装置。它能帮助古希腊人追踪太阳、月亮和夜空星星的运动，也被认为是世界上最早的计算器。

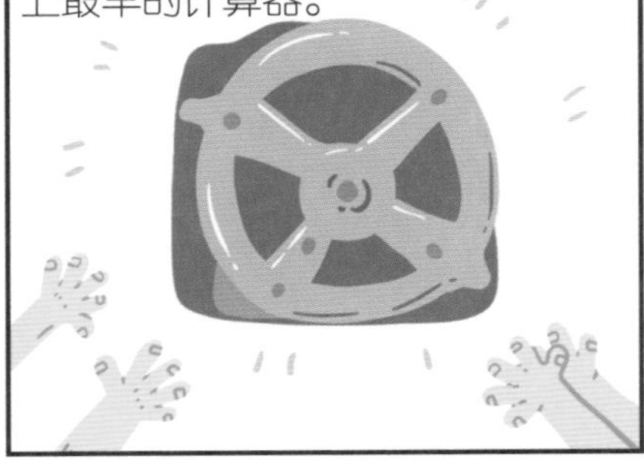

1737 年，法国发明家雅克·沃康松发明了一个能吹笛子的人形机械，可以演奏 20 多首曲子。随后，他又发明了一只机械鸭子，奇特的是这只鸭子可以发出声音和吃东西，甚至会排泄。当时有人说这大概是人类有史以来创造的最奇特的机械生物。

1774 年，瑞士钟表匠皮埃尔·雅克·德罗斯发明了一个可以写字的机械男孩，是机器人发展史上重要的发明之一。

它是由一种类似钟表的齿轮结构来驱动的。

日本在 19 世纪就发明了木偶机械人，可以在茶会上为客人端茶。

机器人的历史还真是久远呢！这些机器人先祖虽然不能跟现代机器人相提并论，但却是现代机器人发展的基础。

机器人——“Robot”一词的原形“Robota”最早出现在捷克作家恰佩克的科幻剧本《罗素姆的万能机器人》中。

1929年，匈牙利发明家塔尔扬·法兰克发明了一个和自己长得很像的机器人，这个机器人还可以“讲话”，但声音是由在隔壁房间的其他人通过麦克风发出来的。

咱俩确实很像啊！

1939年，纽约世界博览会上展出了一个可以被遥控的机器人，它能说700个单词，还会抽雪茄，也可以用手指头数数。

我接受的语音指令都是设定好的！

如果能让机器人替我们做家务就好了。1964年，奥地利科学家克劳斯·斯沃茨就发明了两个会做家务的机器人。

家务做得不错！

拥有一只机械宠物可能是每个孩子的梦想。其实1981年时，斯蒂夫·布鲁克斯就给自己制造了一只机器宠物狗。

日本在2000年发明了一个能走能跑的机器人，叫阿西莫。它的出现意味着人类正式进入了现代机器人时代。

# 当机器人有了人类的智慧……

最早的机器人只能完成很简单的动作，功能非常有限。但是科技发展到了人工智能时代，机器人就像被装配了人类的大脑一样，变得越来越聪明。说到机器人的人工智能，就不得不提到 1997 年，那一年机器人凭借人工智能做了很多了不起的事情，简直震惊世界！

在 1997 年 5 月举行的一场国际象棋比赛中，一台名为“深蓝”的超级电脑击败了国际象棋大师卡斯帕罗夫，从而证明了人工智能的强大。

1997 年 5 月，中国第一次用机器人完成了手术。

1997 年 7 月，美国的火星探测器探路者号在火星成功着陆，并派出了机器人旅居者号，在火星表面开始了探测工作。机器人再一次证明了它们无可替代的作用。

1997 年，机器人世界杯在日本名古屋举行。这场机器人比赛不仅充满了娱乐性，还为人们对机器人的研究提供了大量的参考数据。

您好，我是记者克克罗。我们的小观众对这场精彩的比赛十分好奇，您作为比赛的参与者，能不能讲一讲，为什么大家都喜欢机器人世界杯呢？

作为机器人运动员之一，我感到十分荣幸。机器人世界杯和人类的足球比赛很相似，同样紧张激烈，这也是让大家觉得比较新奇的原因之一。虽然这只是一场短暂的比赛，仅仅有 10 分钟的时间，但是在这有限的时间里，我们不仅为全世界呈现了一场精彩的比赛，还为我们机器人今后的发展收集到了宝贵的数据。希望在不久的将来，我的机器人伙伴们会为大家带来更多精彩刺激的比赛。

# 机器人身体里的小秘密

机器人为什么这么能干呢？答案就藏在它们的构造里。机器人的外形和功能虽然五花八门，但基本结构和活动原理大同小异。下面，我们就以曾被《时代》周刊评为最佳发明之一的巴克斯特为例，揭开机器人身体里的小秘密吧。

| 产地 | 年份 | 高度 | 重量 | 动力 |
| --- | --- | --- | --- | --- |
| 美国 | 2012 年 | 带底座 1.9 米，相当于 1 张成人床的长度。 | 带底座 138.7 千克，相当于 2 个成年人的体重。 | 电池 |

**传感器**

传感器就像是机器人的眼睛，机器人通过它来了解周围的环境。

**驱动系统**

我们经常能看到机器人跟随音乐起舞，身体十分灵活，其实这些都是驱动系统的功劳，正是它让机器人变得更实用。

**控制器**

控制器很像是机器人的大脑，通常是由芯片和微型电脑组成的，它能让机器人的各个部件配合工作，控制器有多先进，机器人就有多聪明。

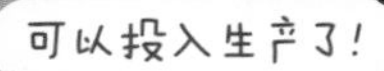


**末端执行器**

末端执行器的作用主要是执行操作命令，就像是机器人的双手。

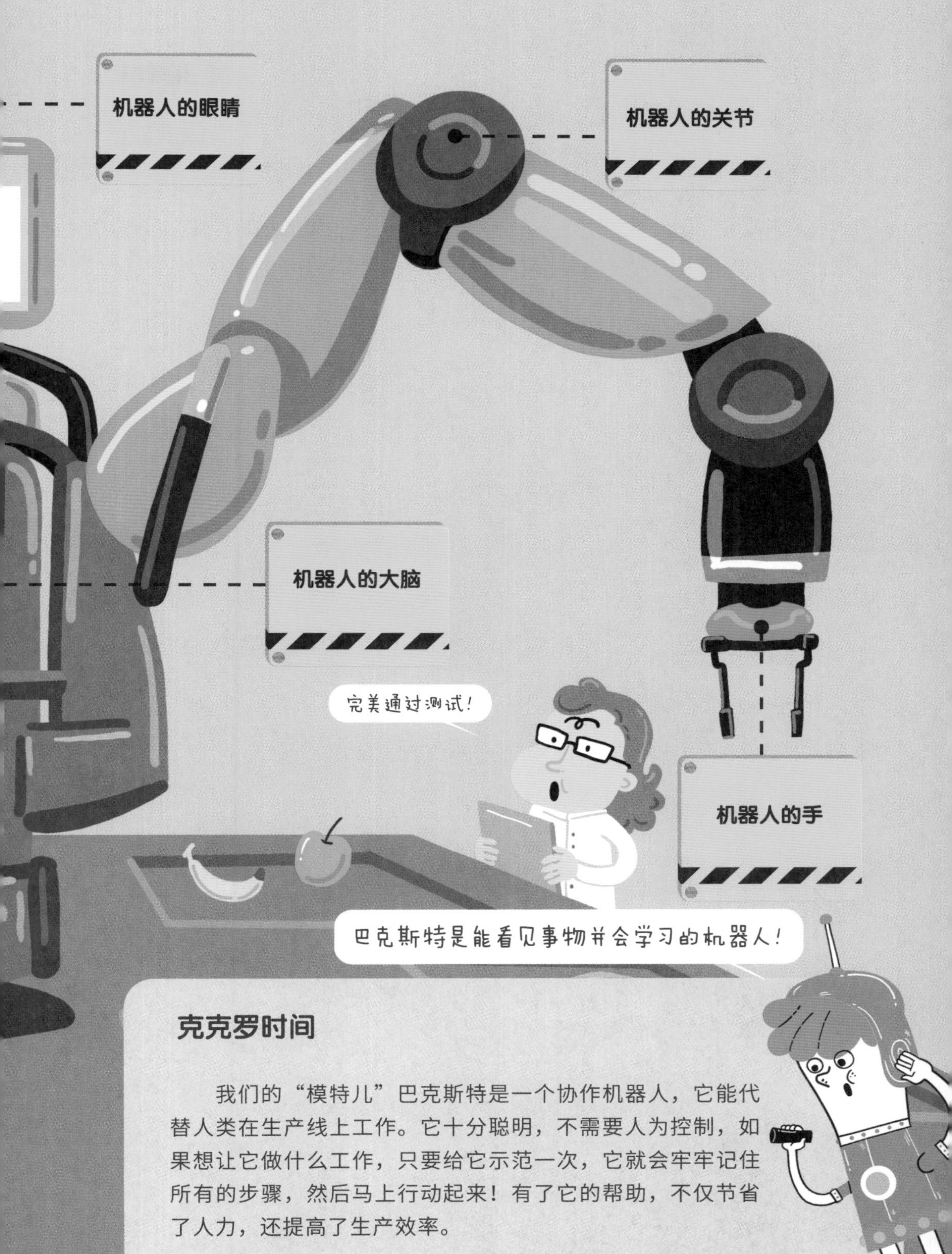


## 克克罗时间

我们的“模特儿”巴克斯特是一个协作机器人，它能代替人类在生产线上工作。它十分聪明，不需要人为控制，如果想让它做什么工作，只要给它示范一次，它就会牢牢记住所有的步骤，然后马上行动起来！有了它的帮助，不仅节省了人力，还提高了生产效率。

# 机器人为什么会互动呢？

如今，机器人不仅活跃在工业、医疗、航空等领域，也越来越频繁地出现在我们的日常生活中，跟人类的互动也越来越多了。它们之所以能跟我们互动，主要依靠传感器。传感器能让机器人对周围的环境变化及时做出判断。有趣的是，不同种类的机器人身上的传感器也不同。

火星探测器——漫游者

## 1 摄像头

摄像头是最常见的传感器，它可以直接将环境影像传送给机器人，方便它们收集、分析数据。通常用摄像头传感器的机器人都是以探测为目的的机器人，比如著名的火星探测器——漫游者。

## 2 激光

激光（某些物质原子中的粒子受激辐射的光，单色性、方向性好，亮度高）是比较特殊的传感器。当激光照射到目标表面并且反射回来，机器人就能根据激光的返回时间测算出自己与目标之间的距离了。

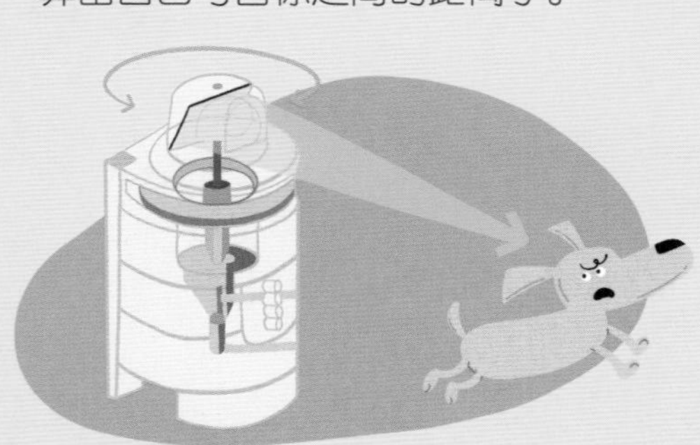

### 声呐 3

声呐是利用声波在水中传播和反射的特性，通过电声转换和信息处理进行导航和测距的技术。对于从事打捞或科学探测等水下作业的机器人，工程师通常会给它们配备声呐传感器，它们就会像蝙蝠一样，通过声音的返回时间及波型测算出自己和目标之间的距离。

## 克克罗时间

有了传感器，机器人就有了一双“眼睛”。它们可以在人类无法进入的空间里代替人类工作，通过传感器接收和传输数据，将“情报”传递给人类。

# 集合啦！机器人都是怎么行动的？

机器人不仅外形千奇百怪，行动的方式也大不相同。不信的话，我把它们叫来给你看看。机器人小分队，听我口令，赶快行动，集合！

## 履带式机器人 1

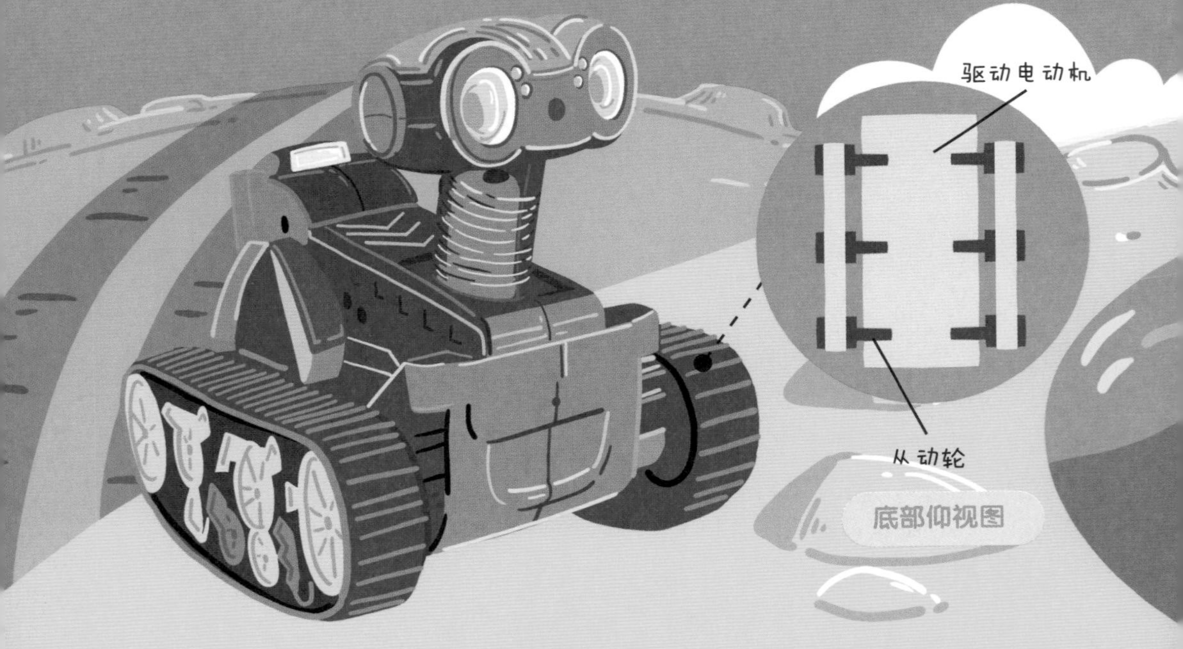

驱动电动机

从动轮

底部仰视图

这个机器人听到集结命令后，开始缓缓地向前转动履带，像坦克一样行动。这种履带式的行走方式虽然速度慢一些，但比较平稳。

## 轮式机器人 2

跟慢吞吞的履带式机器人比起来，轮式机器人的行动就快多了。它像汽车一样，车轮骨碌碌飞速旋转，一会儿就到达集合地点啦！因为这种行动方式比较简单，速度也快，所以用途最广。而在轮式机器人中，四轮机器人最受欢迎，因为它们更稳当，也更方便控制。

## 步行机器人 3

这个机器人长得可真奇怪，像只大虫子一样，扭动着 6 条腿过来了。这是模仿生物特征发明的步行机器人，除了它以外，还有像人一样拥有两只腿的，以及长着很多条腿的机器人。它们能够在地形复杂的环境里完成工作，是人类的好帮手。

底部仰视图

# 机器人之父

“尤尼梅森”是世界上第一家机器人公司的名字。说到它，就不得不提及一场伟大的合作。

我们一起努力！
梦想会实现的！

美国发明家恩格尔伯格和乔治·德沃尔都想发明一个理想的机器人，于是他们展开了合作。

这里应该加个螺丝。

1957年，他们创立了尤尼梅森公司，两年后创造了尤尼梅特机器人—— 一个重达2吨，工作起来却十分精准高效的机械手臂。恩格尔伯格也因此被称为“机器人之父”。

它可以完美替代人工！
天啊，这也太大了！

当时汽车的车门、车窗等很多零部件都是由尤尼梅特机械手臂制造出来的。

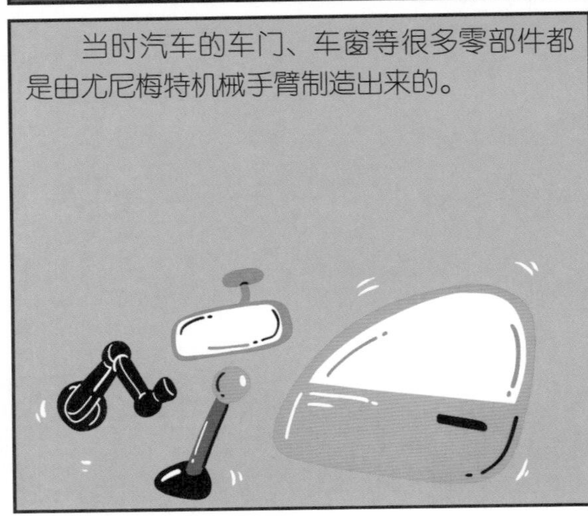

虽然尤尼梅特可以大大提高工作效率，但由于造价非常昂贵，普通工厂根本就负担不起。

尤尼梅特只适合有钱的公司！

俗话说，万事开头难。尤尼梅特能够被世界认可还真不容易。看来，光有一身本领还不够，还要为自己争取成功的机会才行呀！

恩格尔伯格决定把尤尼梅特推销给美国当时最大的汽车公司——通用汽车公司。但因为大家都对机器人的本领一无所知，只对它高昂的“身价”瞠目结舌，所以谈判十分艰辛。

相信我，它一定会给贵公司带来意想不到的效益！
价钱太高，我们没有把握。

没办法，最后恩格尔伯格将身价6万美元的尤尼梅特以2.5万美元的价格卖给了通用汽车公司。

低到尘埃里了。
这个价钱还可以。

尤尼梅特终于迎来了大显身手的机会，它凭借精准高效的工作为通用汽车公司吸引了一大批订单。

尝到了尤尼梅特带来的甜头，通用汽车公司开始订购更多的尤尼梅特机器人为他们工作。在通用汽车公司的带动下，其他汽车制造商和商品生产商也逐渐开始雇用机器人工作，掀起了一场自动化生产的革命。

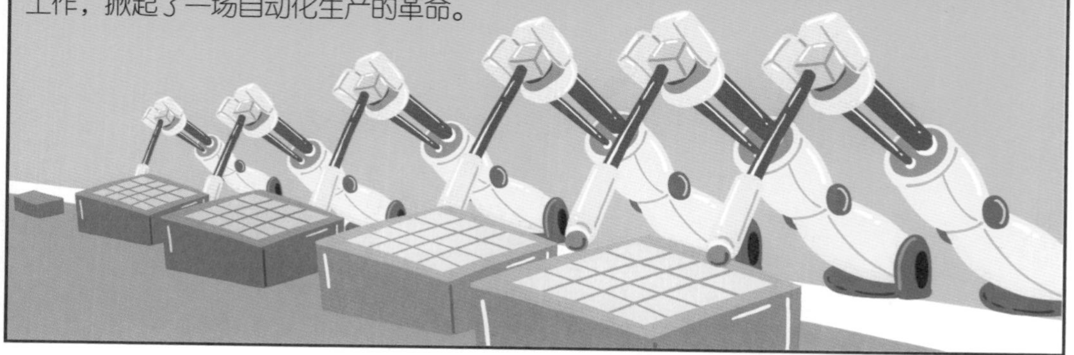

# 工厂里的万能“钢铁侠”

第一台尤尼梅特工业机器人只能用来铸造汽车配件，后来，工业机器人的本领越来越大：刷漆、黏合、焊接、装配……简直无所不能。它们虽然长得很像人类的手臂，却比人类的手臂有力得多，还能承担很多危险的工作，真是人类的好帮手！

**怎么教工业机器人工作？**

1. 把工业机器人连接到计算机上，对它们进行测试。

2. 用特定的程序向工业机器人传输指令，它们就会根据指令重复做动作，并记住这些动作。

3. 完成指令动作后，工业机器人会再次启动程序，这样测试就结束了。

4. 一切都准备就绪后，工业机器人就可以独立工作了。

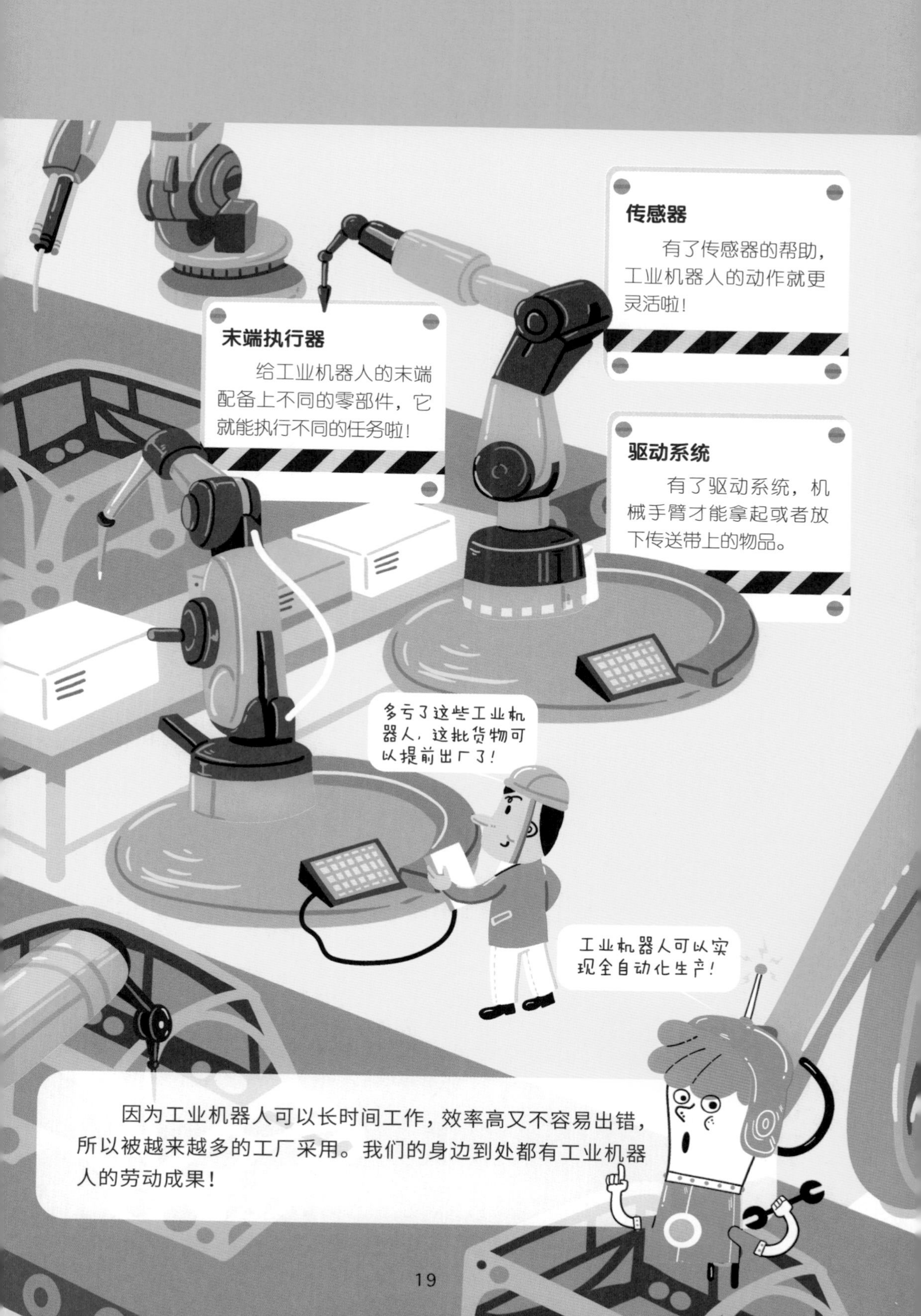

传感器
有了传感器的帮助，工业机器人的动作就更灵活啦！
末端执行器
给工业机器人的末端配备上不同的零部件，它就能执行不同的任务啦！
驱动系统
有了驱动系统，机械手臂才能拿起或者放下传送带上的物品。
多亏了这些工业机器人，这批货物可以提前出厂了！
工业机器人可以实现全自动化生产！

因为工业机器人可以长时间工作，效率高又不容易出错，所以被越来越多的工厂采用。我们的身边到处都有工业机器人的劳动成果！

# 手术台上的神奇妙手

众所周知，达·芬奇是世界著名画家，在机器人领域也有一个达芬奇。它是一套手术设备，能帮助医生以微创的方式施行复杂的外科手术。

**产地**
美国

**发布年份**
2000 年

**动力**
电池

通过视觉系统，医生能很清楚地观察到手术的操作过程。

## 它是如何工作的？

达芬奇手术设备并不是完全智能的机器人，需要由医生控制。它在医生的指挥和操作下工作，同时向医生传送清晰的图像信息，方便医生随时了解病人的情况。

准备缝合了！

手术看来很顺利！

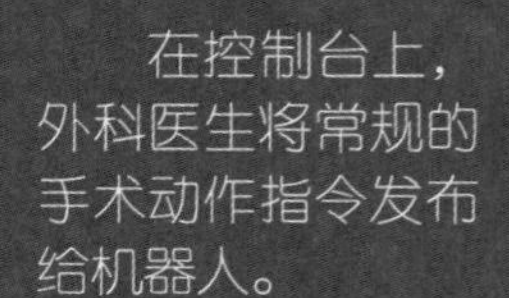

在控制台上，外科医生将常规的手术动作指令发布给机器人。

由电动机驱动的每个关节都可以灵活地活动。
为病人减轻了痛苦，太好了！
每只机械手臂的末端会根据医生的需求配备不同的手术工具，如手术刀、镊子等。
机器人收到指令后，会用机械手臂精准地执行这些动作。
它一般用于微创手术！
在达芬奇手术设备中，有一只机械手臂安装了微型摄像头，它是机器人最重要的部件。在手术过程中，它会详细地收集手术部位的 3D（三维立体）图像，将这些图像放大后发送到显示器上，医生就能更直观地进行手术操作了。

# 英雄机器人——Method-2

在动画片和科幻电影里，经常会出现这样的画面：一个巨大的机器人在战争的废墟里或是一片火海中缓缓现身，经过激烈而惊险的战斗后生存了下来。但镜头一转，原来它是由人类在内部控制的啊！在现实生活中，Method-2 就是这样一种机器人，想不到吧？它就像一副巨型铠甲，会保护人们在从事比较危险的工作时不受伤害。

## Method-2

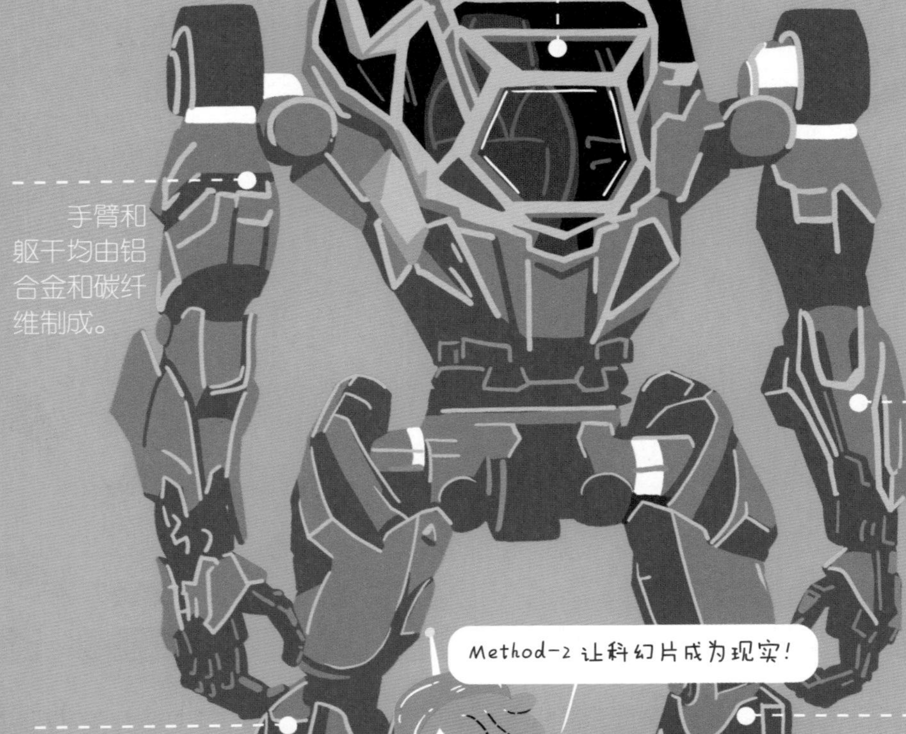

防护玻璃可以保护驾驶员的安全。
手臂和躯干均由铝合金和碳纤维制成。
Method-2 拥有重达 130 千克的手臂。
Method-2 让科幻片成为现实！
Method-2 可以向前、向后移动，但需要通过额外的一对钢缆来保持平衡。
Method-2 的下半部分由铝合金制成，具有强度高、耐热性高的优点。
当 Method-2 “走动” 时，地面也会跟着一起震动！

驾驶员坐在密封的驾驶舱内，通过操纵驾驶舱内的两个机械操控杆来控制 Method–2。如果驾驶员挥动操控杆，机器人也会挥动手臂。

|  |  |  |  |
| --- | --- | --- | --- |
| **产地**<br>韩国 | **高度**<br>4.2 米 | **重量**<br>1.5 吨，相当于 1 辆轿车的重量。 | **动力**<br>电动机 |

Method–2 的躯干上装有 40 多个由计算机控制的电动机，方便驾驶员更灵活地操纵它。

Method–2 的每根手指长达 30 厘米。

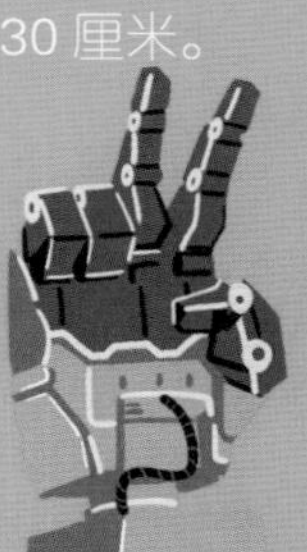

Method-2 拥有灵活的手指，方便它在废墟中执行搜救任务！

# 机器人还做了哪些了不起的事？

人类的好奇心是无穷无尽的，但是以人类自身的能力来说，很难亲身在极端环境中进行探索和工作。同时，有些危险性极高的工作也会威胁到我们的生命。该怎么办呢？不用担心，机器人可以做我们的帮手，帮助我们完成那些看似不可能完成的任务和危险的工作。

## 火山探测者——但丁 2 号

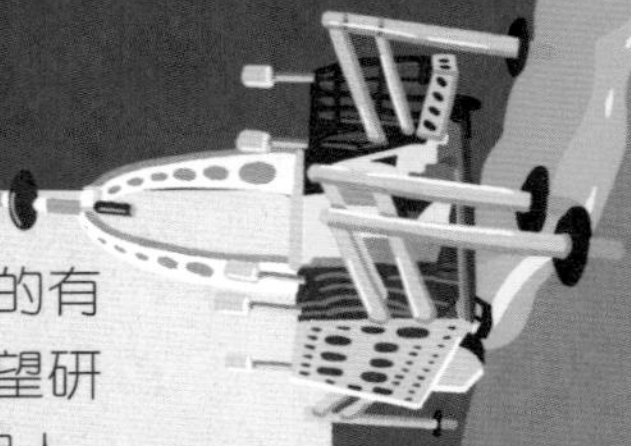

火山常常是危险的代名词，它爆发时产生的有毒气体和滚烫的岩浆真是可怕！这让人们既渴望研究它，又对它望而却步。多亏有了但丁 2 号机器人，它曾在 1994 年成功爬到阿拉斯加的斯普尔火山口，收集到了气体样本。

## 海底探险者——海洋 1 号

深海一直都是人类渴望探索的领域，它神秘又危险，人类无法长时间在其中工作，所以机器人就成了探索深海的最佳选择。斯坦福大学研制的海洋 1 号机器人就曾在地中海 100 米深的海床处发现了 300 多年前沉没的法国战船。

## 国际空间站助手——加拿大臂 2 号

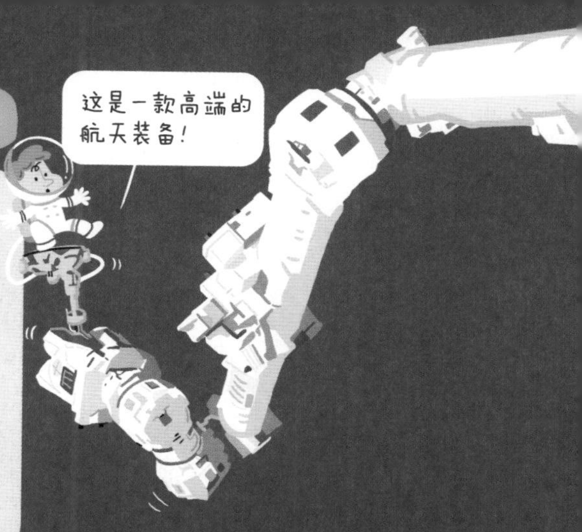

这是一款高端的航天装备!

除了火山和海洋，太空也是人类一直想要探索的神秘领域。由于太空的环境严酷恶劣，人类对它的探索非常艰难，进展缓慢。为此，加拿大航天局研制了加拿大臂 2 号机器人，它能代替人类长期驻守在国际空间站，成功捕获来自地球的无人宇宙飞船，并帮助其与国际空间站对接。

## 考古工作者——金字塔漫游者

考古是研究历史的重要途径，但这个过程往往充满了危险。小型的考古机器人刚好解决了这个难题，它们可以在危险的环境中工作，比如金字塔漫游者就曾于 2002 年通过狭窄的通道，进入了埃及王后的墓室进行考古。

## 炸弹拆除者——背包 510

战场或许是最危险的地方了，地雷和炸弹时刻威胁着士兵的生命。背包 510 军用机器人肩负着保护士兵的使命。背包 510 机器人可用于执行各种危险的任务，比如清理废墟和拆除炸弹等。

漫画故事

# 巧匠偃师

传说西周时期，周穆王在巡视途中遇见了一个名叫偃师（yǎn shī）的人。
你是？
在下偃师。

偃师身边还站着一个很奇怪的人，周穆王就上前询问。
这人是谁？
是我造的歌舞艺人，是个假人。

偃师介绍说，这是可以唱歌的人偶，周穆王很高兴，想要欣赏人偶的表演。
来，表演个才艺吧！

人偶的歌声十分动听，周穆王觉得十分新奇，就叫来了自己的妃子一同欣赏。
爱妃觉得如何？
这太神奇了！
哇！

人偶一首接一首地唱歌，所有人都拍手称赞。
真是天籁啊！
太动听了！

偃师是周穆王时的一位工匠，善于制造能歌善舞的人偶。这个故事被记载在《列子·汤问》里，是我们的祖先对机器人的畅想。

唱着唱着，人偶竟对其中一个妃子眨了眨眼睛。周穆王十分生气，这是人类的动作，人偶怎么会呢？
这假人会眨眼？骗我！
这人真可爱！

周穆王认为偃师欺骗了自己，便想要惩罚偃师。偃师为了证明人偶的确是个假人，就将它拆解了。
大王息怒，我可以证明这是个假人！
你竟然欺骗本王！

周穆王看到那果然只是个用皮革、木头拼接而成的假人，他的气就消了。
还真是个假人……

偃师见周穆王消气了，就将人偶重新组装起来。人偶又可以像刚才一样唱歌了。
大王，又装好了！

周穆王对这个人偶十分喜欢，下令将它带回了宫中。
如此神奇之物，本王必须收入囊中！

# 全能机器人 —— NAO

故事里，偃师造的机器人不仅能唱歌，还会眨眼睛。现实生活中，也存在着多才多艺的机器人哟！下面这个叫作 NAO 的机器人不仅知识丰富，还可以用十几种语言和人类对话呢。别看它长得小巧可爱，它名气可大着呢，是目前世界上最知名的机器人之一。

**产地** 法国

**年份** 2006 年

**高度** 57.3 厘米，相当于 1 个新生儿的身长。

**重量** 5.4 千克，相当于 1 个西瓜的重量。

**动力** 电池

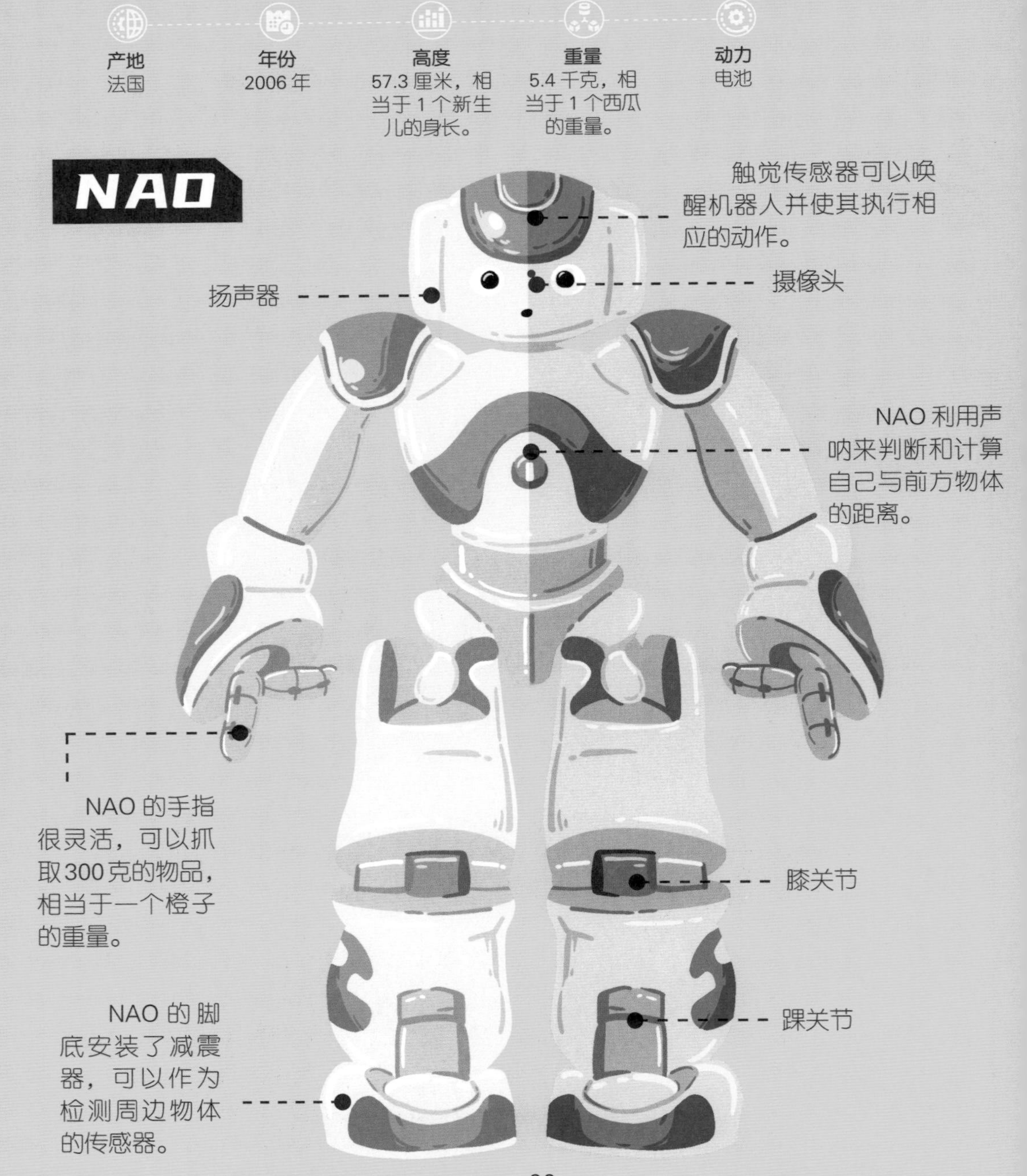

NAO
触觉传感器可以唤醒机器人并使其执行相应的动作。
扬声器
摄像头
NAO 利用声呐来判断和计算自己与前方物体的距离。
NAO 的手指很灵活，可以抓取300克的物品，相当于一个橙子的重量。
膝关节
踝关节
NAO 的脚底安装了减震器，可以作为检测周边物体的传感器。

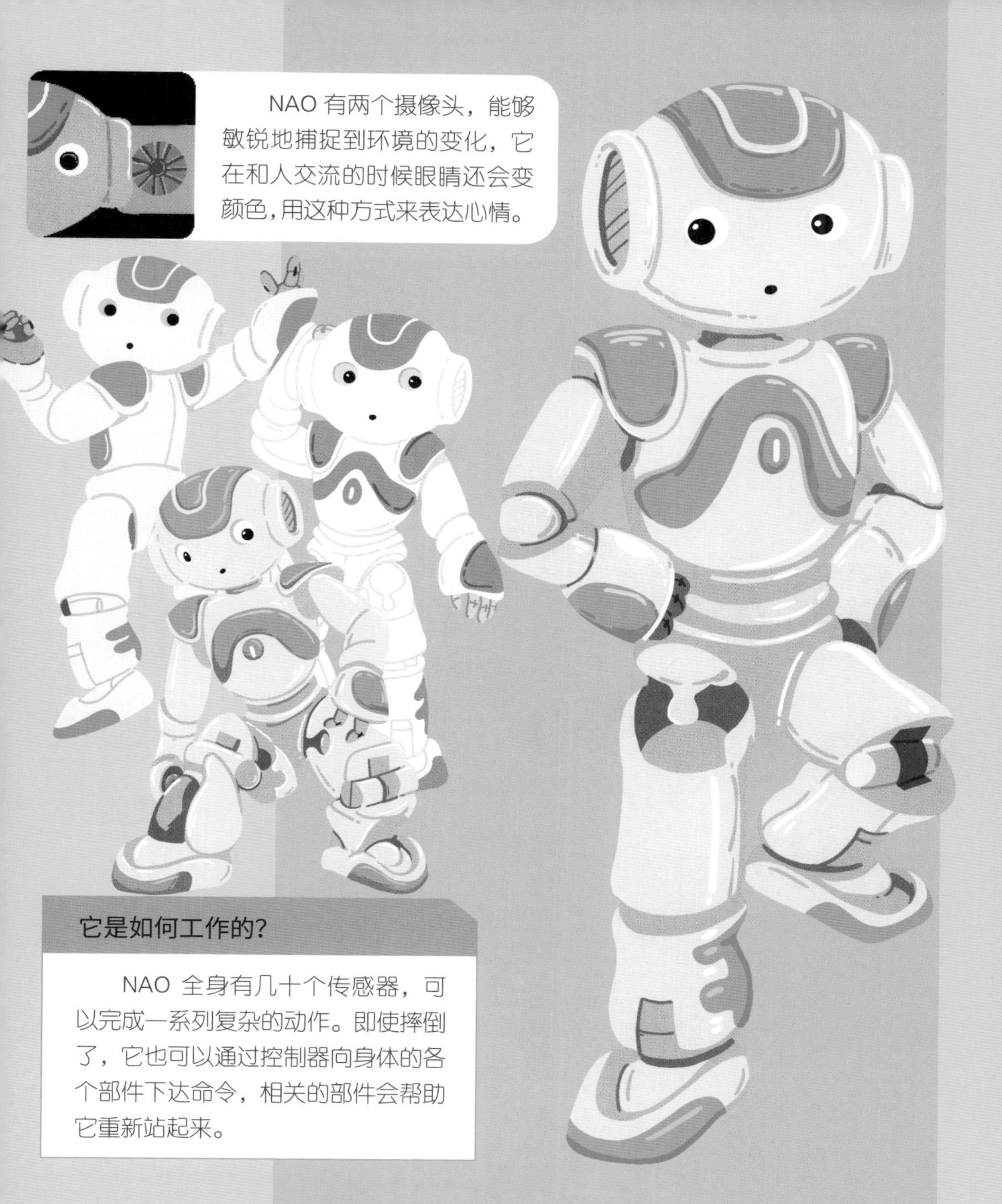

NAO 有两个摄像头，能够敏锐地捕捉到环境的变化，它在和人交流的时候眼睛还会变颜色，用这种方式来表达心情。

## 它是如何工作的?

NAO 全身有几十个传感器，可以完成一系列复杂的动作。即使摔倒了，它也可以通过控制器向身体的各个部件下达命令，相关的部件会帮助它重新站起来。

这样厉害的机器人你是不是也想拥有一个呢？如果你拥有了 NAO ，它就会在你生病的时候代替你去学校上课，而你在家里就可以通过电脑接收到它远程传输回来的信息。

# 便携机器人——悟空

在中国，也有个特别厉害的机器人“小朋友”，设计师给它起了个特别的名字——悟空！它会像神话传说中的孙悟空那么神通广大吗？一起来看看吧！

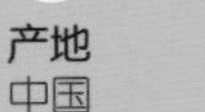

**产地** 中国

**年份** 2018年

**高度** 24.5厘米，比A4纸的长度还要短一些。

**重量** 0.7千克，相当于14个鸡蛋的重量。

**动力** 电池

## 悟空

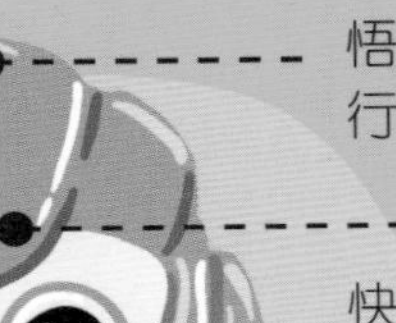

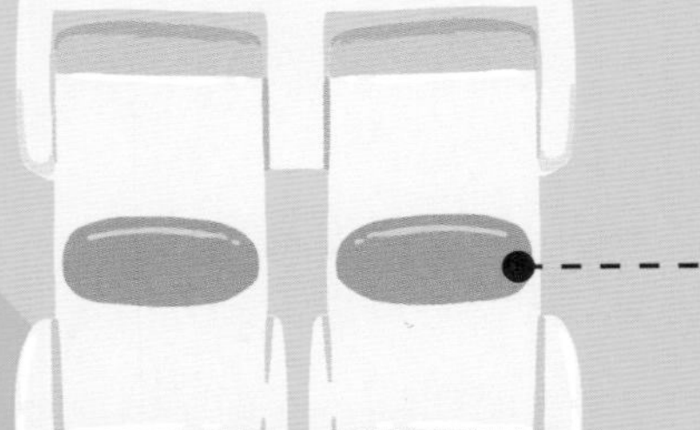

触摸传感区可以唤醒悟空或是打断悟空正在进行的动作。

摄像头可以帮助悟空快速地捕捉人脸、图像等。

LCD（液晶显示屏）屏幕制作的眼睛可以表现出各种情绪。

悟空的身体里有好几个高精度的传感器，帮助它感知外部环境，完成各种动作。

通过红外测距感应器，悟空可以探测与前方障碍物的距离，并迅速做出相应的反应。

SIM卡槽插上SIM卡后就可以实现实时4G语音功能。

悟空拥有灵活的关节，可以帮助它完成跳舞、行走等动作。

悟空不仅长得萌萌的，还有强大的本领，可谓上知天文，下知地理，十八般武艺样样精通。

悟空悟空，讲个故事吧！
这可难不倒我！

悟空能储存大量的知识，堪称知识渊博。不仅如此，它还能自如地和人类互动，根据不同的指令做出相应的回应。

悟空的摄像头有很高的像素，不仅可以识别人像、物体等，还能作为监控摄像头使用。

看我，活动自如！

悟空体内拥有十几个舵机关节，正是有了这些部件的帮助，它才能做出各种复杂的动作，即便摔倒了也能自己站起来。

悟空的双眼显示屏是 LCD 材质制成的，可以在与人交流时表现出喜、怒、哀、乐等情绪。

# 世界上第一款软体机器人——Octobot

或许你已经见过了太多强壮的机器人，但是你一定不知道在机器人当中还有一个柔软的成员——章鱼机器人 Octobot，它是世界上第一款软体机器人，是由柔软的硅胶材料制作而成的，就连海洋中的小鱼都以为它是真的章鱼。快来跟随克克罗一起来了解一下这位柔软的朋友吧。

章鱼机器人因为身体比较柔软，所以能像真的章鱼一样进入狭小的空间，并根据环境的不同而改变身体的形状。章鱼机器人具备的这种独特能力让它十分擅长海上救援。

产地
美国

年份
2016 年

长度
6.5 厘米

动力
化学反应供能

**Octobot 是如何运动的？**

如何能让章鱼机器人在海里自如地移动呢？科学家为了实现这个想法费尽了心思。最终他们想到了好办法：将含有特殊化学元素的墨汁注入机器人的体内，然后将另一种化学液体注入机器人的触手里。这两种液体在一起会产生化学反应，生成气体，这些气体会使机器人的触手膨胀起来，这样它就可以在海里游动了。

Octobot 体内含有铂。使用吸管将彩色的过氧化氢（俗称“双氧水”）注入 Octobot 体内。

当过氧化氢和铂发生反应时，Octobot 就会膨胀游动。

1 毫升的过氧化氢液体可以让 Octobot 游动 8 分钟左右。

## 克克罗小课堂：机器人创下的吉尼斯世界纪录

人类用吉尼斯世界纪录收集那些可以被称为“世界之最”的资讯。在机器人当中也有获得吉尼斯纪录的代表，而且有很多都令人叹为观止。现在就跟着克克罗一起大开眼界吧！

### 行走距离最远的四足机器人

2015 年，重庆邮电大学研发的四足机器人—— 行者 1 号行走了 134.03 千米，相当于从北京走到了天津，成功打破了由美国康奈尔大学的游侠机器人保持了 4 年的“四足机器人行走的最远距离”的吉尼斯世界纪录。

### 解魔方用时最短的机器人

大家对魔方一定不陌生，可是要还原一个魔方可不是那么容易的。不过，这对机器人来说简直是小菜一碟。2016 年，机器人 Sub1 仅用了 0.637 秒就破解了魔方，刷新了此前“机器人解魔方用时最短”为 0.887 秒的吉尼斯世界纪录。

## 第一个陪同航天员前往太空的机器人

2015 年，日本机器人 KIROBO 跟随航天员进入太空，它是世界上第一个陪同航天员前往太空的机器人，吉尼斯世界纪录也对它表示认可。

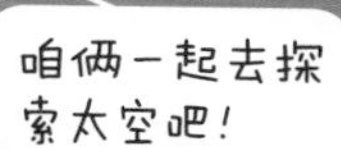


居然这么高！

## 最大的人形车机器人

在动画片里，机器人一般都是庞然大物。那么现实中最大的机器人是谁呢？2019 年，日本制造了一个名为“武士”的机器人，身高足有 8.46 米，比长颈鹿都高，打破了“最大的人形车机器人”的吉尼斯世界纪录。

## 投篮最多的人形机器人

机器人不仅十分聪明，有的还非常擅长体育运动。2019 年，日本机器人 CUE3 创造了“人形机器人连续投篮最多”的吉尼斯世界纪录，它在 7 个小时内成功投进了 2020 个球。

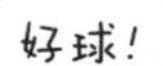

# 北京 8 分钟

2018 年 2 月 25 日晚，平昌冬奥会正式落下帷幕。按照惯例，北京作为举办下届冬奥会的城市，要在闭幕式上进行 8 分钟的表演。我们仅用这短暂的 8 分钟，就将高科技与艺术之美融合在一起，让全世界看到了一个不一样的中国！快跟随克克罗一起回顾一下那令人难忘的 8 分钟吧！

2017 年 1 月，著名导演张艺谋正式成为“北京 8 分钟”表演环节的总导演。如何让短短 8 分钟的表演精彩纷呈成了这个项目最大的难题。

我们必尽全力！

经过多番商讨后，最终决定使用演员与智能机器人配合的方式来完成这次表演。

我们要向世界展示一个不一样的中国！

由于表演难度很大，项目组只好来到北京体育大学挑选合适的演员。

希望在这里可以找到我们需要的演员！
我们一定能成功！

为了制造出最适合表演的机器人，科学家们不断改进设计，最终制造出了完美的表演机器人。

必须保证质量！
人机也要配合默契！

“北京 8 分钟”表演中使用的机器人是中国自主研制的智能机器人，这也是世界上第一次多台机器人与演员一起在国际舞台上表演高难度的舞蹈。

每一个机器人都配备了精密的导航和安全系统，有了精准的定位，所有机器人的动作就可以保持一致。

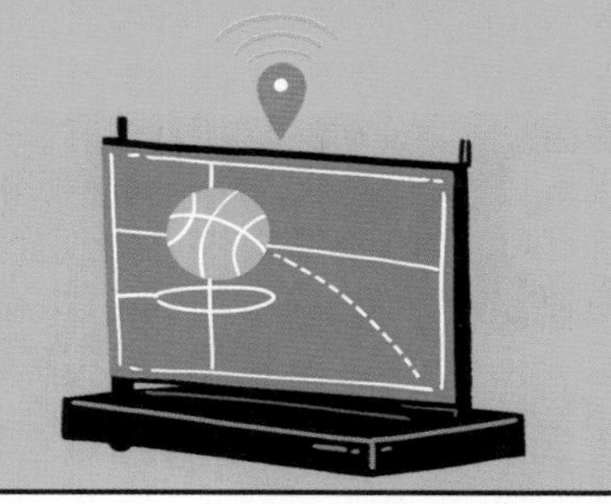

一切准备就绪，2018 年 2 月 25 日晚，平昌冬奥会闭幕式开始了。

PyeongChang 2018

当“北京 8 分钟”表演开始后，两名装扮成熊猫的演员带领其余 22 名演员登上了舞台。

与此同时，24 个智能机器人的屏幕也亮起来了。根据演员的表演内容，这些机器人不断变换场景，人与机器人配合得恰到好处。不仅让现场的观众感到震撼，同时也彰显了中国的科技实力。

“北京 8 分钟”既是一次表演，也是当代中国强大国力的展现。相信在未来，机器人还会带给我们更多的惊喜！

# 影视剧里的机器人大明星

机器人不仅深受孩子们喜爱，也很受大人们喜欢。他们把自己对机器人的畅想写进故事里、搬到银幕上，有的机器人甚至因此成了大明星呢！下面，就让克克罗来给你介绍几个出演过影视剧的机器人大明星吧。

## C-3PO

我是用废弃的残片和回收物拼接而成的！

在电影《星球大战前传 1：幽灵的威胁》中有一个多愁善感的机器人，它就是 C-3PO，是一名礼仪机器人。

我出生于 1927 年。

## 玛利亚

在电影《大都会》中出现了一个令人难忘机器人—— 玛利亚。由于这个机器人的形象实在太过深入人心，直到现在还有电影角色在模仿它。

我想统治世界！

## T-800

《终结者》是一部十分经典的科幻电影，其中名为终结者的机器人 T-800 让人无法忘怀。T-800 是个半人半机械的机器人，它是人类的敌人，它的目标就是消灭人类。

## 达塔

我是人类的好朋友！



在 1987 年播出的电视连续剧《星际迷航：下一代》中出现了一个人形机器人——达塔。它皮肤苍白，有着黄色的眼睛。达塔计算能力惊人，常常帮助人类解决问题。

车人，变形出发！

## 擎天柱

《变形金刚》可谓是家喻户晓的科幻电影了，其中最让人喜爱的角色一定是擎天柱。它是一个可以变形的汽车机器人，是人类的好朋友，时刻保护着人类。

我会一直陪着你！

## 瓦力和伊芙

在电影《机器人总动员》中出现了两个特别可爱的机器人—— 瓦力和伊芙。瓦力是一名清扫型机器人，在执行任务的时候，它爱上了另外一个机器人伊芙。

# 克克罗小课堂：关于机器人，你可能不知道的那些事

机器人还有许多小秘密，现在就让克克罗悄悄地告诉你！

## 全球最大的工业机器人应用市场

根据国际机器人联合会的数据，截至2019年，中国已经连续6年成为全球最大的工业机器人应用市场。工业机器人的密度不断提高，为经济高质量发展注入了活力。未来，中国机器人的应用领域会越来越广。

## 唯一一位有“身份”的机器人

每个人都有身份，有自己的祖国。但是机器人有没有这样的身份呢？中国香港曾研发出一个机器人，名叫索菲亚。它能够表现出超过62种面部表情。2017年10月，索菲亚成为沙特阿拉伯公民，它是世界上第一个获得国籍的机器人。

## 机器人客服

在购物或享受服务时，我们遇到问题首先想到的就是给客服打电话。但是你知道吗，电话那头和你对话的可能是个机器人。由于客户的问题基本相同，经过设置，机器人可以很好地应对。由于机器人客服成本低、解决问题效率高，越来越受市场欢迎。

## 公务员机器人

萨姆是新西兰的公务员机器人，它可以存储大量的信息，能代表政府回答市民的一些问题。

## 机器人法则

和人类世界拥有法律一样，机器人的世界里也有类似的法则。作家阿西莫夫在小说中的引言制定了机器人学三定律，这为科学家制造机器人提供了指导意见。这三定律是：（1）机器人不能伤害人类或看到人类受伤害而袖手旁观；（2）在不违背第一定律的前提下，机器人必须服从人类的命令；（3）在不违背第一和第二定律的前提下，机器人必须尽力保护自己。

## 机器人酒店

中国首家机器人酒店真正成为“无人酒店”，不论是前台接待员，还是客房服务员，就连餐厅的服务员和调酒师都是机器人。

# 藏在你身边的机器人

随着科技发展得越来越快，机器人早已经不是只能存在于我们的想象中和电视屏幕上的“传说人物”了。有些机器人可能就在我们的家里每天为我们服务呢！它们不像巴克斯特和达芬奇那么威武，也不像 NAO 和悟空那么夺人眼球，却以另一种完全不同的形式默默为我们奉献着。不信你看，这些熟悉的身影都是机器人！

智能窗帘通过手机或声音就可以控制，十分方便。

万能遥控器可以和家里所有的家电相连接，这样你就能控制这些电器了。

宠物机器狗拥有先进的系统和芯片，它可以像真正的宠物狗那样逗你开心，但它不会生病，也不需要遛弯儿。

扫地机器人利用自身的传感器辨识方向，躲避障碍物，同时它还具备强劲的吸附能力，可以将家里打扫得一尘不染。

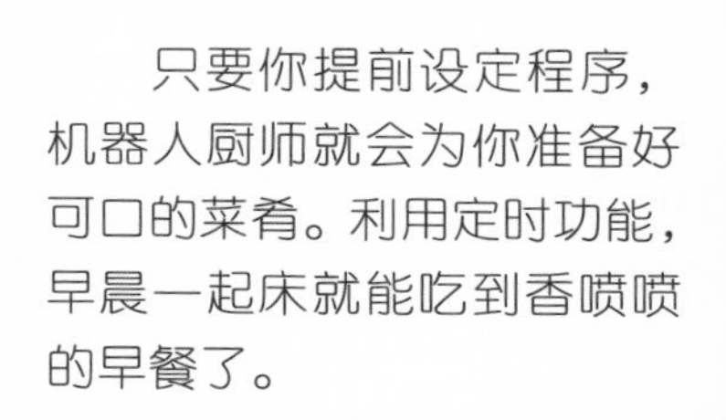

只要你提前设定程序，机器人厨师就会为你准备好可口的菜肴。利用定时功能，早晨一起床就能吃到香喷喷的早餐了。



智能音箱接到语音指令后，就能按照要求播放音乐或播报天气和新闻，还会准时提醒你做事，甚至能和你进行简单的交流呢！

管家机器人的功能很强大，人像识别可以让它记住主人的样子，语音识别可以让它记住主人的声音。它不仅可以帮助主人处理一些家务，还可以代替主人指挥家中所有的机器人工作。



智能空气净化器可以通过空气监测系统寻找空气污染源，净化空气，让房间时刻充满新鲜的空气。

# 克克罗的好朋友 —— 布卡

日本著名动画片《哆啦 A 梦》里的哆啦 A 梦是大雄的好伙伴，不仅陪伴他，还经常帮助他，可真棒！克克罗也有一个很棒的机器人朋友——布卡。现在我就把它介绍给大家吧！

大家好，我是克克罗的好朋友——布卡，我是一个智能机器人！很高兴认识你们。

嘿，大家好！

我的智能系统就是我的大脑，所以，我可以像人类一样学习和思考。

猜猜我在想什么呢？

我的外壳是用一种叫纳米的固体材料制成的，不仅可以适应各种环境，还可以自动修复破损的部件。

快看，自我修复已经完成！
有你真好！

我每天都会收集各地的新闻，这样我就可以和克克罗聊一聊新鲜事了。

快看，全球变暖又加剧了！
保护环境，人人有责！

科学家赋予了机器人强大的学习能力，在很多领域里，机器人已经超过了人类。人类和机器人需要互相配合，才能让我们的世界变得更加美好。

我有很多传感器，这让我不仅可以做出很多复杂的动作，还能每天都和克克罗一起打篮球。

我能瞬间从大量的知识储备中找到克克罗想知道的答案。

雨是怎么来的呢？
大气层中的水蒸气凝结成小水珠，大量的小水珠聚在一起就是云。当云中的水珠达到一定质量后就会下降，落下来的就是雨！

我的情绪感知功能可以让我发现克克罗的心情变化。如果他不开心的话，我不仅会安慰他，还会给他讲笑话。

别哭了，我给你讲个笑话吧！

我还拥有医疗系统，如果克克罗生病了，我会根据他的病情为他治疗。

克克罗，你发热了！

我和克克罗是无话不谈的好朋友。但是我有一个克克罗也不知道的秘密，那就是我想永远陪伴他，和他做一辈子的好朋友！

# 机器人让我们的生活越来越有趣

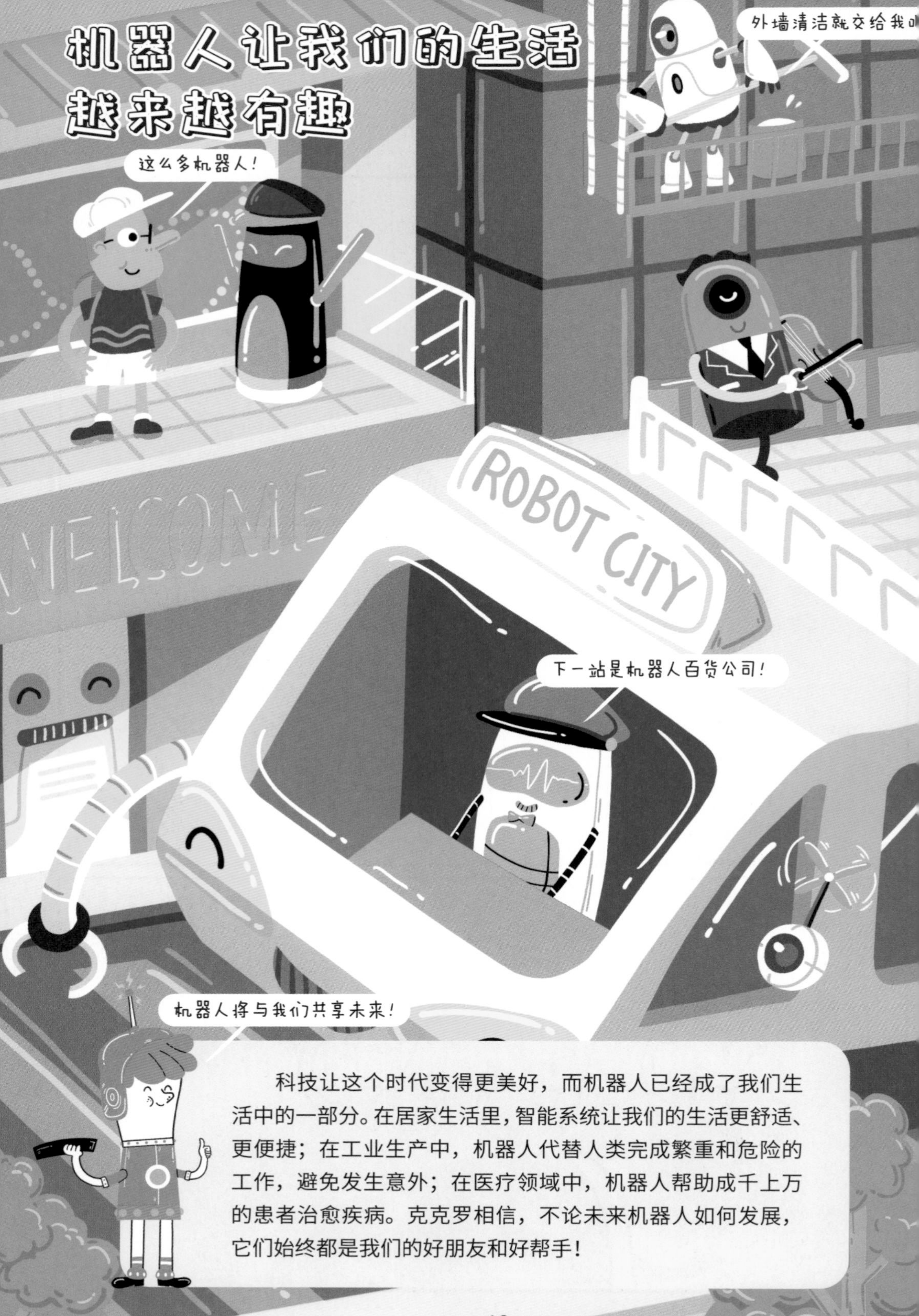
外墙清洁就交给我
这么多机器人！
ROBOT CITY
WELCOME
下一站是机器人百货公司！
机器人将与我们共享未来！

科技让这个时代变得更美好，而机器人已经成了我们生活中的一部分。在居家生活里，智能系统让我们的生活更舒适、更便捷；在工业生产中，机器人代替人类完成繁重和危险的工作，避免发生意外；在医疗领域中，机器人帮助成千上万的患者治愈疾病。克克罗相信，不论未来机器人如何发展，它们始终都是我们的好朋友和好帮手！

再来一首！
真棒！
这个机器人演奏得真不错！
ROBOT
HELLO
我们的机器人城市之旅就要开始了！
请您慢用！
我要给家里的机器人买礼物！
等等我！

图书在版编目（CIP）数据

这就是机器人 / 上尚印像编绘. -- 长春 ： 吉林出版集团股份有限公司，2021.4（2023.4重印）
（机械里的科学课）
ISBN 978-7-5581-9840-3

Ⅰ. ①这… Ⅱ. ①上… Ⅲ. ①机器人—儿童读物 Ⅳ. ①TP242-49

中国版本图书馆CIP数据核字(2021)第043958号

ZHE JIU SHI JIQIREN
# 这就是机器人

编　　绘：上尚印像
责任编辑：孙　璘
封面设计：上尚印像
营销总监：鲁　琦
出　　版：吉林出版集团股份有限公司
发　　行：吉林出版集团青少年书刊发行有限公司
地　　址：长春市福祉大路5788号
邮政编码：130118
电　　话：0431-81629808
印　　刷：天津睿和印艺科技有限公司
版　　次：2021年4月第1版
印　　次：2023年4月第15次印刷
开　　本：720mm×1000mm　1/16
印　　张：3
字　　数：60千字
书　　号：ISBN 978-7-5581-9840-3
定　　价：20.00元